PROJET DE PERCEMENT

DE

L'ISTHME DE KRAU

Communication faite à la Société des Ingénieurs civils
et à la Société académique Indo-Chinoise

(Février et Mars 1882)

PAR

LÉON DRU

MEMBRE DE LA SOCIÉTÉ DE GÉOGRAPHIE DE PARIS

PARIS

TYPOGRAPHIE GEORGES CHAMEROT

19, RUE DES SAINTS-PÈRES, 19

—

1882

LA PÉNINSULE MALAISE

ERRATA

Page 5 ; note 2, deuxième ligne ; *au lieu de :* 200 à 300 ; *lisez :* 190 à 200.

— 11 ; 1re ligne ; *au lieu de :* îles ; *lisez :* atterrissement.

— 13 ; 4me ligne ; *au lieu de :* 115 kilom. ; *lire :* 75.

— 30 ; 10me colonne, TOTAL EN KILOMÈTRES : *au lieu de :* 4890, 1470, 4950, 2070, 1410, 1480 ; *lisez :* 4892, 4071, 4956, 2076 et 1416.

PROJET DE PERCEMENT

DE

L'ISTHME DE KRAU

PROJET DE PERCEMENT

DE

L'ISTHME DE KRAU

Communication faite à la Société des Ingénieurs civils
et à la Société académique Indo-Chinoise

(Fevrier et Mars 1882)

PAR

LÉON DRU

MEMBRE DE LA SOCIETÉ DE GÉOGRAPHIE DE PARIS

PARIS

TYPOGRAPHIE GEORGES CHAMEROT

19, RUE DES SAINTS-PÈRES, 19

1882

PROJET DE PERCEMENT

DE

L'ISTHME DE KRAU

Communication faite à la Société des Ingénieurs civils
et à la Société académique Indo-Chinoise (février et mars 1882).

L'année dernière, nous avons publié quelques notes sur les projets de percement de la presqu'île de Malacca dans le but de propager la connaissance de cette entreprise.

Nous ne pouvions, à cette époque, entrer dans de longs détails sur le tracé et les variantes du canal destiné à joindre les deux rives de la péninsule.

Cela ne nous paraissait pas utile parce que ces renseignements n'ont jamais un très grand caractère de certitude quand ils ne sont pas appuyés, ainsi que c'est notre opinion pour l'isthme de Krau, sur des recherches souterraines et des nivellements bien vérifiés; puis à cause de la situation spéciale où nous nous trouvions de réserver toute l'action à une société de recherche et d'étude que nous avions formée en vue d'un examen définitif.

L'expédition projetée ne put avoir lieu, quoique le personnel et tous les appareils pour les sondages fussent prêts; la saison un peu avancée ne permettait pas d'arriver sur le terrain au moment le plus favorable à un séjour de plusieurs mois dans la presqu'île, et d'avoir le temps de faire les démarches nécessaires pour obtenir l'autorisation du gouvernement siamois.

Je suis heureux aujourd'hui de saisir cette occasion pour remercier toutes les personnes qui ont concouru à la formation de cette Société; elles n'ont pu envisager, dans cette circonstance, que des bénéfices fort aléatoires et bien plus l'honneur de contribuer à une œuvre utile au pays.

En 1882, l'intérêt soulevé par la question a grandi; on commence à discuter ce projet à peu près oublié ou ignoré en France, et c'est pour répondre à ce sentiment que nous essayons d'entrer dans des détails plus circonstanciés sur le percement de l'isthme de Kraü, comme complément de ceux que nous avons donnés antérieurement.

La péninsule malaise trace au sud du royaume de Siam et de la Birmanie la limite la plus extrême du continent asiatique; elle sépare avec l'île de Sumatra l'Océan Indien des mers de la Chine, laissant, entre cette île et son territoire, un bras de mer d'une navigation difficile appelé détroit de Malacca. Dans son axe principal, d'une longueur de 1,190 kilomètres, une chaîne de montagnes la divise en deux versants étroits, découpés par de nombreuses rivières. Sa plus grande largeur est de 200 kilomètres environ de la province de Quedah à celle de Tringanou (1); c'est là que le massif montagneux est le plus important et accuse des sommets qui atteignent 2,000 mètres.

En quelques points, l'arête centrale s'abaisse et forme

---

(1) Suivant quelques auteurs cette largeur varie entre 190 et 200 kil., relevée sur les cartes marines de 1871, elle donne 2° 45′, soit plus de 300 kilomètres.

des cols peu élevés à travers lesquels on a créé les routes qui desservent le transit des côtes. Ces dépressions sont beaucoup plus accusées vers le Nord, elles correspondent à des parties plus étroites de la péninsule dont la principale en dessous du Ténasserim est désignée sous le nom d'Isthme de Krau ou de Kra (1).

Plusieurs cours d'eau traversent cette région, et leur position a fait entrevoir la possibilité de les réunir et de creuser dans leur lit un passage à travers l'isthme. Le plus important est le Pak-Cham, qui coule dans une direction Nord-Sud, et limite la frontière du royaume de Siam avec les possessions anglaises de la Birmanie. Ce fleuve s'ouvre un large et profond passage à son entrée dans la mer des Indes à la hauteur de l'île Saint-Matthieu. A peu près au milieu de son cours, il reçoit à Krau un affluent venant de l'Est dont les sources joignent la naissance d'une autre rivière, appelée Htaung ou Tayoung, qui se déverse dans le golfe de Siam après un parcours d'à peu près 39 kilomètres dans une immense plaine d'alluvions.

La réunion de ces thalwegs constitue l'ensemble du projet de la voie maritime dont nous allons entreprendre la description et qu'il y aurait intérêt de créer pour éviter le détour de la presqu'île par le détroit de Malacca et rendre plus rapides nos rapports commerciaux avec l'extrême Orient.

L'entrée du Pak-Cham est précédée par une série d'îles assez rapprochées les unes des autres qui sont les derniers témoins du promontoire du Maléouan et qui

---

(1) Dans nos descriptions, nous avons adopté quelques-unes des dénominations les plus francisées, telles que Krau, Tasan, Tayoung, Tseompeon et Tayong, au lieu de Krah, Kraw, Htsan, Htaung ou Htaoung, Choom-phaum, Tchoum-phong et Htayan.

en forment pour ainsi dire le prolongement naturel jusqu'à l'île Dalisle.

C'est le chenal qui, s'offrant à la navigation en venant du Sud, donne le parcours le plus considérable, environ 160 kilomètres pour atteindre le golfe de Siam par la rivière de Krau et le Tayoung, dont on a fait une variante du canal de jonction des deux mers.

Près de la pointe Victoria, il existe une autre passe assez étroite utilisée par les navires venant du Nord, qui sont obligés de contourner, à la hauteur de l'île Saint-Matthieu, un immense banc de sable, laïssant à droite l'île de Saddle pour pénétrer dans le Pak-Cham entre des récifs découverts à marée basse (1) et l'île Victoria.

La distance comprise entre l'île Dalisle et la pointe Victoria est de 35 kilomètres : il y aura donc lieu d'examiner si les bâtiments d'un fort tonnage auront une plus grande sécurité, en suivant l'une ou l'autre de ces passes.

A l'embouchure du Pak-Cham, la rivière n'a pas moins de 3 kilomètres de largeur et ne présente pas, sur les 16 premiers kilomètres, le caractère d'une rivière proprement dite; mais bien d'un large bras de mer ayant des fonds de 12 à 13 mètres dont l'entrée est dominée par des rives d'un aspect pittoresque.

Les plus grands navires peuvent évoluer dans cette large ouverture et remonter jusqu'au confluent du Khou-mou-yai, situé à 25 kilomètres du promontoire du Maléouan.

Les bâtiments de la marine britannique qui firent les explorations de cette rivière s'arrêtèrent tous à cet

____

(1) La marée a 6 mètres environ dans ces parages.

endroit, le chenal étant rétréci plus haut par les atter-
rissements de la rivière qui peuvent en rendre la
navigation incertaine et dangereuse aux bâtiments d'un
certain tonnage.

Le cours du Pak-Cham, à 25 kilomètres de son embouchure, offre encore des fonds de 9 mètres, puis de
$5^m,50$ au confluent du Lam-lee-Young, qui est à 40 kilomètres de l'entrée du fleuve. Enfin, au-dessus de cette
rivière, ils ont des profondeurs de $1^m,80$ à $2^m,00$.

Les dragages entre le confluent du Lam-lee-Young
et l'amorce du canal y seront importants; car, à la marée
basse, il faudra encore descendre le lit de la rivière de
6 à 7 mètres, étant donné le peu d'épaisseur d'eau dans
cette fraction de son cours. On pourrait reporter à cette
distance le commencement du canal qui devra couper
l'isthme.

Sur une partie de la rive gauche du Pak-Cham, on
aperçoit des terrains bas et marécageux, à 59 kilomètres
de son entrée, au confluent de la Sa-oua; ils ont à peine
quelques mètres d'altitude au-dessus du plan d'eau du
Pak-Cham, et présentent une dépression très favorable
à l'entrée de la tranchée d'une longueur de 11 kilomètres, destinée à franchir le point de partage reconnu
comme un des plus favorables.

De la Sa-oua le terrain s'élève sensiblement pour
atteindre un sommet d'une trentaine de mètres qui
limite les deux versants Est et Ouest. Cette hauteur, par
rapport aux 11 kilomètres qui la sépare de l'amorce de
la tranchée sur la rive du Pak-Cham, correspond à peu
près à la pente de cette rivière que l'on peut évaluer de
$0^m,25$ à $0^m,30$ par kilomètre environ de Krau à son embouchure.

Vers l'extrémité de la tranchée, on attaquera les terrains durs, car les roches apparaissent déjà sur les bords de Pak-Cham en face de la Namoy ; elles sont composées de grès et de schistes qui doivent se dérober sous les alluvions du fleuve.

Dans la région du point de partage, on les rencontrera également, mais accompagnées de poudingues et de veines de sable quartzeux. A la surface du sol, elles paraissent avoir peu d'homogénéité, et seront d'une extraction facile ; mais l'absence de sondage ne permet pas d'en apprécier le degré de dureté en profondeur.

On sait que les roches exposées au contact des agents atmosphériques se désagrègent lentement ; nous en avons cité, dans nos notes précédentes, un exemple se rattachant aux travaux de sondage du canal de Panama (1), parce que cette découverte intéressait une entreprise similaire à celle dont nous exposons le programme ; mais ces phénomènes sont fréquents et bien connus. Toujours est-il que la prudence exigera de prévoir, à l'intérieur du massif central et des deux versants sur une longueur de quelques kilomètres, une tranchée dans des terrains plus durs que ceux de la surface.

Le versant Est que nous allons décrire commence à Tasan ou Htasan, village peu important situé sur la rivière du Tayoung et entouré d'une culture médiocre.

Un peu au-dessus de cette localité a lieu le changement de direction de la rivière dont les sources descendent des reliefs montagneux qui tracent vers le Sud la ligne de partage des eaux. A la hauteur de Tasan, elle décrit brusquement une courbe vers l'Est pour se jeter ensuite dans le golfe de Siam ; on la nomme Htaung ou Htaoung à son origine et Tseompeon ou Choom-phaum

(1) Massif de l'Obispo et de la Culebra.

à son embouchure; c'est le Pah-Klong des capitaines
Fraser et Forlong, qui l'ont confondu avec l'affluent
de ce nom qu'ils rencontrèrent près de Phai. Nous
désignerons dans la suite cette rivière sous le nom de
Tseompeon inférieur, pour la distinguer du cours d'eau
situé au-dessus et qui est le véritable Tseompeon.

C'est à Tasan que peut se jonctionner la variante
de Krau, le relevé de cette direction est assez bien
détaillé dans les divers itinéraires qui en ont été
donnés; c'est la route que l'on prend pour gagner
Tasan et la ville de Tseompeon. La Krau, qui donne son
nom à l'isthme, apparaît à 70 kilomètres de l'embouchure du Pak-Cham; le village qui prend aussi ce nom
a une cinquantaine de maisons : c'est la résidence du
chef de ce district. Ce faible cours d'eau est encaissé
et peu profond. Pour se rendre à Tasan, on y côtoie des
rives escarpées, qui s'abaissent un peu en arrivant vers
une prairie herbeuse, d'où émergent les sources qui
l'alimente.

A 11 kilomètres de Krau, on marche pendant 1,500 mètres dans le lit même de la rivière, sur un fond rocheux,
avant de toucher au point de partage, qui est commun
avec le Bankren. Tout ce parcours n'offrirait pas un
grand avantage pour arriver au versant Est, du moment
où l'on suit la direction précédente qui est à peu près
celle du chemin de fer des capitaines Fraser et Forlong,
et il rallongerait la traversée de 12 à 13 kilomètres :
c'est le plus anciennement connu, même des indigènes
du centre de la Péninsule qui le signalèrent à divers
voyageurs de passage dans leurs provinces.

A partir de Tasan, on entre véritablement dans la
pente orientale; près de ce village, le Tayoung a
60 mètres de largeur avec des berges d'une dizaine de

mètres, abruptes et recoupées par des ravins que forment une série d'affluents au moment des pluies.

Le sol est constitué par des alluvions épaisses, fertiles vers la base du thalweg, que les excavateurs enlèveront sans peine ; mais elles pourront cependant recouvrir çà et là quelques pointements souterrains de roches, analogues à celles du versant ouest, ou des parties d'alluvions agglutinées sous forme de conglomérats ou de poudingues.

En prenant cette rivière comme direction principale au centre de l'isthme, on y trouvera largement dans son lit la place pour y creuser le canal, jusqu'à la mer ; ses eaux sont peu profondes, car elle est traversée à gué dans plusieurs endroits de son cours par les voyageurs qui viennent du Pak-Cham ; mais, si l'on devait renoncer à son utilisation, on se verrait dans la nécessité de creuser une tranchée parallèlement à son cours qui aurait, près Tasan, des sections d'une profondeur de 18 à 19 mètres, pour atteindre le plafond du canal.

De Tasan, on compte 36 à 38 kilomètres pour arriver à l'embouchure des deux Tseompeon sur le rivage du golfe de Siam. Phai, situé entre ces deux points extrêmes, est à 21 kilomètres de Tasan ; nous citons cet endroit comme le départ probable d'un autre tracé, abandonnant à Phai le Tseompeon inférieur en vue de le réserver comme une décharge à l'excédent des eaux du Tayong au moment des crues, et qui rejoindrait le Tseompeon supérieur, par une tranchée pratiquée dans les alluvions de l'entre-deux des rives.

En dessous de Phai, la rivière suit un cours paisible, bordée de rives plus basses et couvertes de végétation luxuriante jusqu'à son embouchure, où elle se confond avec le Tseompeon supérieur.

La ville de Tseompeon, la plus importante de l'isthme, est bâtie sur le bord de la rivière supérieure ; c'est une agglomération de 500 maisons, et le séjour du gouverneur de la province. Ici le Tseompeon est large de 160 mètres, avec des fonds de 4 à 5 mètres à marée haute, qui augmentent graduellement jusqu'à la mer où ils atteignent 10 à 11 mètres ; il y a de cette ville au golfe de Siam, à la sortie de la passe, de 11 à 12 kilomètres.

Les jonques qui pénètrent dans la rivière jettent l'ancre au milieu de la petite baie de Tayong que l'on rencontre à 6 kilomètres et demi de Tseompeon.

C'est en raison de ce chenal plus profond que celui du Tseompeon inférieur qu'il conviendra peut-être d'adopter le projet de jonctionner les deux rivières à partir de Phai, mais dans l'hypothèse, bien entendu, où l'on abandonnerait le cours d'eau inférieur pour servir de déversoir aux crues du versant oriental. Il y aurait également, dans cette combinaison, avantage à délaisser le Tseompeon inférieur en raison des dragages plus importants qu'il faudrait y pratiquer.

En faisant entrevoir l'influence du régime des cours d'eau dans les différentes directions que nous venons d'indiquer, nous touchons à des considérations d'un ordre général qui devront être abordées avant l'exécution.

La voie naturelle des rivières étant adoptée pour la traversée de l'isthme, on devra évidemment chercher les moyens de régler leur régime et l'aménager par des barrages de retenues et canaux de décharge ou de dérivation, pour en atténuer les influences.

Au contraire, si le cours du Tayoung est complètement abandonné, on rentrera alors dans l'application d'un canal longeant la rivière dans le thalweg depuis la sortie du point de partage jusqu'à Phai, et de cet endroit il reprendra le cours du Tseompeon supérieur par la tranchée de communication de l'entre-deux des rives que nous avons indiqué ci-dessus. Ce dernier programme donnera, comme nous le verrons plus loin, le cubage le plus considérable après la variante de Krau.

Nous attachons dans cet ordre d'idées un peu moins d'importance au Pak-Cham en raison de sa profondeur naturelle jusqu'à la hauteur du Kou-mou-yai et de sa grande largeur qui permettra de régler facilement les venues d'eau à l'amont du cours supérieur, mais ces conditions meilleures n'empêcheront peut-être pas de faire quelques travaux de retenues au confluent de la Krau, si la variante de cette rivière est écartée, pour maintenir autant que possible dans un état régulier le régime du Pak-Cham et atténuer les ensablements que produit toujours la vitesse excessive d'un courant (1).

D'après cette description sommaire des différents tracés, nous allons essayer maintenant de calculer le cube des déblais et la dépense nécessitée par les variantes, ayant soin de faire remarquer que nous donnons ces chiffres d'une manière très approximative. Du reste, dès le début de ces études, nous avons annoncé que notre intention n'était pas de résoudre entièrement ce problème de géographie physique, dont la solution sera donnée par des personnes compétentes, ayant l'expérience de ces grandes entreprises, et qui parvien-

---

(1) Les mouvements d'ebbe ou de marée sont également moins sensibles dans le Pak-Cham ; les courants de $2^m,00$ à $2^m,50$ par seconde qu'ils déterminent généralement dans les rivières étroites et encaissées qui débouchent à la mer, sont atténués par la largeur importante de ce fleuve dans lequel les flots peuvent s'étaler librement.

dront, après un examen attentif de la topographie et de l'horohydrographie de la région, à fixer les conditions générales du projet.

Le profil des travaux à exécuter ne commence véritablement qu'à 34 kilomètres de la pointe Victoria par des fonds de 9 mètres; en dessous de ce repère, il n'y aura qu'une vérification à faire en quelques points du chenal pour en constater la largeur; il continue ensuite le cours du Pak-Cham jusqu'au confluent de la Sa-oua, puis, par une tranchée en berge, traverse le point de partage qui domine Tasan et emprunte la rivière de Tayoung déjà large en cet endroit de 60 mètres, ou la tranchée parallèle à ce cours d'eau jusqu'aux environs de Phai et le lit du Tseompeon inférieur.

A Phai, la direction peut varier au moyen d'un canal de jonction avec le Tseompeon supérieur pour déboucher comme dans le premier cas sur les rives du golfe de Siam. Les distances entre ces divers points et la nature des terrains peuvent se décomposer de la manière suivante :

1° Dans le Pak-Cham, 34 kilomètres d'alluvions et de vases récentes dont 21 kilomètres sous une épaisseur d'eau en moyenne de 2 mètres.

2° La tranchée en berge; et le seuil formant à peu près une longueur de 11 kilomètres, dont une partie en terrains d'alluvions, le reste composé de roches, de grès et de schistes, décomposés à la surface; mais que l'on pourra découvrir plus durs en dessous du sol.

3° L'approfondissement du Tayoung de Tasan à Phai ou la tranchée parallèle à son cours sur un développement de 22 kilomètres dans un dépôt d'alluvions épais et sous lequel on rencontrera vraisemblablement, à la naissance du versant, des saillants rocheux de grès et de conglomérats qui s'infléchissent vers la mer.

Ces conglomérats se rencontrent assez souvent au contact des alluvions et des terrains anciens; ils sont quelquefois assez durs, mais il est possible qu'ils n'aient pas en dessous du thalweg une grande cohésion, étant pénétrés par les eaux du fleuve et les nappes d'infiltration.

4° L'hypothèse de la tranchée de Phai d'une longueur de 4 kilomètres au milieu du système des alluvions, se soudant au Tseompeon supérieur ou servant à la dérivation du Tayoung.

5° Le dragage des deux Tseompeon jusqu'à la mer de Siam sur 10 kilomètres pour le Tseompeon supérieur et de 15 kilomètres pour le second. L'entrée de ces deux rivières a des fonds suffisants pour des bâtiments d'un assez fort tonnage.

6° La variante de Krau, qui comprend la section du Pak-Cham de 34 kilomètres, la partie intercalée entre le confluent de la Sa-oua et de la Krau sous la profondeur d'une brasse, puis le cours de cette dernière rivière forment à peu près une distance totale de 24 kilomètres. Pour le calcul des cubes, nous avons pris les sections adoptées au canal interocéanique de Panama (1), soit un talus de 1/8 et 1/10 dans les roches et de 2 sur 1 pour les terrains friables.

Ces inclinaisons seront plus que suffisantes; car dans le passage de la Krau et en quelques endroits du Tayoung on a constaté des berges très escarpées. Malgré cela, il est utile de les prévoir pour le cas où l'on rencontrerait des alluvions fines, composées de sables et d'argiles provenant de la désagrégation des grès et des schis-

---

(1) Congrès international d'études du canal intérocéanique de Panama. Rapports de la deuxième sous-commission.

tes qui semblent former le substratum de la région.

En réunissant au profil par le Pak-Cham compté au 34ᵉ kilom. de l'embouchure, le canal en berge, la traversée du seuil, le cours du Tayoung et du Tseompeon inférieur, on obtient un cubage en chiffres ronds de 30 millions.

Avec la suppression du Tseompeon inférieur et l'addition de la tranchée de raccordement depuis Phai jusqu'à la mer par le Tseompeon supérieur, le volume est à peu près le même, soit 32 millions de mètres cubes.

Ces deux tracés seront les plus directs et les plus faciles; ils donneront le cubage le moins élevé, le canal étant creusé entièrement dans le lit de la principale rivière du versant Est.

Si des considérations pratiques s'opposent à ce tracé en raison des variations du régime de la rivière du Tayoung et dans la crainte d'ensablements, on aura alors recours au projet que nous avons fait entrevoir, c'est-à-dire le creusement d'un canal parallèle à la rivière dans le thalweg jusqu'à Phai, où l'on reprendrait le Tseompeon supérieur par la tranchée de jonction. Cette troisième combinaison, qui abandonne le cours entier du Tayoung, se chiffre par un cube d'extraction fort important qui ne devra pas être inférieur à 38 millions de mètres cubes (1).

A ces trois directions, qui sont les mêmes jusqu'à Phai, il convient d'ajouter la quatrième par Krau.

Cette dernière, qui se rapporte à l'idée générale de

(1) Cette variante nécessitera également des travaux de retenue pour les crues du Tseompeon supérieur ou Hta-Say. On obtiendra une dérivation facile du trop plein des eaux en amont de la ville de Choom-phaum, par une tranchée peu profonde, rejoignant la petite rivière qui descend à Tayong ou Htaya.

suivre entièrement la direction indiquée par les cours
d'eau, à partir du Pak-Cham, est, ainsi que nous l'avons
dit précédemment, la plus ancienne et donnera le cubage
le plus considérable. La rivière de la Krau décrit de
nombreuses courbes ; elle est encaissée dans son thalweg
que domine par moment la route qui conduit à Tasan.
Si l'on applique à la rectification de son lit les courbes de
2 à 3 kil. de rayon acceptées dans le tracé du canal de
Panama et reconnues aujourd'hui indispensables aux
grands navires de commerce, le cube du déblai pourra
bien être supérieur à 50 millions, suivant le point de partage qui sera adopté. C'est même avec la plus extrême
réserve que nous indiquions ce cubage, que les difficultés du terrain, telles qu'elles résultent de la topographie des lieux et des diverses descriptions qui en ont
été faites, ne permettent pas d'établir d'une manière
suffisante.

Aussi est-ce avec intention que nous avions, l'année
dernière, inscrit les évaluations entre 25 et 100 millions,
laissant celle du passage de la Krau se rapprocher plus
ou moins du chiffre extrême que limitait le cubage exagéré du projet Tremenheere.

Le canal de 11 kilomètres, la tranchée parallèle au
Tayoung et le lit du Tseompeon inférieur, représentent
dans le cubage de 38 millions le véritable canal à creuser d'environ 50 kilomètres, qui mettra en communication le Pak-Cham avec le golfe de Siam; car il ne
faut pas oublier que du moment où le cours du Tayoung
sera délaissé et ses eaux dérivées par la tranchée de jonction dans le Tseompeon supérieur, l'isthme sera tra-
versé depuis le Pak-Cham par un canal absolument
creusé en terre ferme, c'est-à-dire en dehors des rivières.
Le fond du Tseompeon inférieur étant alors à découvert,

on l'occupera dans sa partie la plus déprimée; cette circonstance favorable, jointe à des profils relevés avec soin dans le Pak-Cham, réduira peut-être le cubage total.

Sur les bases qui précèdent, nous allons essayer de chiffrer quelques termes de la dépense : le prix moyen que nous avions, dans notre premier mémoire, emprunté aux rapports des commissions du canal interocéanique de Panama, soit 3 fr. 60 c. le mètre cube, appliqué à l'extraction des roches, et 2 fr. 50 c. pour les terrains tendres, telles que les alluvions. Ces estimations n'ont rien d'exagéré, et devront même subir une réduction, si l'on tient compte du bas prix de la main-d'œuvre dans ces pays et du nombre considérable des travailleurs qui viendront affluer sur les chantiers. A cet égard il est une considération que nous devons faire valoir au sujet du Pak-Cham et du Tseompeon inférieur qui, dans toutes les hypothèses, seront toujours utilisés dans le tracé général : c'est la facilité exceptionnelle qu'ils donneront comme débouché aux dragages et aux transports des matériaux. Il est supposable également que ces dragages, opérés dans des vases molles et sableuses comme on les rencontre sur les rives et l'embouchure des fleuves de ce pays, ne coûteront pas 2 fr. 50 c. le mètre cube. Quels que soient d'ailleurs ces avantages, et en conservant les prix de base que nous venons de citer, nous arrivons, pour les cubages de 30 et 38 millions de mètres cubes, à une dépense de 80 à 100 millions de francs.

En présence de l'écart assez sérieux existant entre les premiers tracés et celui de la rivière de Krau, ce dernier paraît devoir être abandonné; nous avons été dès l'origine de nos recherches entraînés vers cette conclusion, et c'est pour cela que nous avons indiqué la direction rectiligne, celle du chemin de fer projeté des bords du Pak-Cham à la hauteur de Mamo jusqu'à Tasan.

La question du tonnage et des produits du transit ayant été déjà abordée (1), il suffit pour cette communication d'en rappeler les termes principaux.

D'après les statistiques commerciales, il y a lieu d'espérer, dans un laps de temps assez rapproché, un tonnage de 1,300,000 et même de 1,500,000 tonnes suivant les évaluations faites par les personnes versées dans ces calculs de statistiques. Les bâtiments qui feront usage de cette voie maritime, payant un droit de 3 francs et peut-être même de 4 francs par tonne, le total du transit atteindra la somme de 4 à 6 millions soit à 5 0/0 un capital de 80 à 120 millions. Ce produit est motivé par la réduction de parcours que la traversée de l'isthme, comparée à celle du détroit de Malacca, procurera aux navires venant de la mer des Indes ou de ses escales, pour se rendre à Bangkok et les ports de la Chine.

Les appréciations publiées à ce sujet et récemment encore par le capitaine Rossi (2) fixent en moyenne à 4 jours l'économie du trajet par le canal; elle apportera donc une réduction appréciable dans la consommation du combustible et les dépenses diverses des navires qui font le commerce de la Chine, de plus elle leur assurera un passage moins dangereux que celui du détroit de Malacca où les échouages sont fréquents (3). Nous ne jugeons pas utile d'ailleurs de nous étendre plus longuement sur ces chiffres que nous avons déjà publiés, et qui n'apporteraient pas un aperçu nouveau à cet exposé. Bien des travaux complémentaires devront entrer aussi en ligne de compte dans le devis de cette

(1) *La Péninsule Malaise*, par Léon Dru, in-8°, 1881.
(2) *Rivista maritima*, Rome, 1881.
(3) Voir les *Statistiques du Bureau Veritas*.

entreprise, tels que la construction probable de portes de marée (1), garages, barrages, ports et jetées; leur établissement ayant trait aux détails techniques du projet, ils ne peuvent être discutés aujourd'hui et seront le résultat d'observations suivies et répétées sur l'état climatérique de l'isthme, l'hydrographie des côtes, les variations du régime des rivières, l'intensité des crues et le maximum du volume d'eau qu'elles produiront (2).

A première vue, ces travaux ne paraissent pas devoir présenter de grands obstacles; les garages, entre autres, trouveront facilement leur place dans le Pak-Cham, les lits du Tayoung et du Tseompeon; puis des barrages peu importants retiendront les eaux des petits affluents de la partie centrale de l'isthme, et même, au moyen de rigoles latérales, on les dirigera vers le golfe de Siam. L'adoption du lit du Tayoung ou du canal parallèle comme tracé définitif imposera la nécessité de régler ces affluents ou de les récolter. Ce sera le meilleur moyen de prévenir l'arrivée subite des crues et des ensablements, quoique pour ces derniers il semble difficile au premier abord de les annihiler complètement; leur extraction constituera, du reste, un travail d'entretien que l'on prévoit habituellement dans les canaux maritimes (3).

Les renseignements qui nous ont été demandés cette année sur le percement de l'isthme Malais, nous ont entraînés à développer un peu plus les questions soule-

---

(1) La différence d'amplitude des marées entre la mer des Indes et le golfe de Siam est de 3^m,50 à 3^m,70.

(2) Nous avons réservé la question de la durée des travaux et de l'intérêt des capitaux, qui ne pourra être examinée qu'après une connaissance plus complète des difficultés du projet.

(3) Au canal de Suez, les dragues enlèvent journellement 10,000 mètres cubes de sables.

vées par notre premier mémoire et à formuler quelques
détails de direction et de cubage. Nous l'avons fait avec
la plus grande réserve : ce sont des déductions fort
approximatives, et nous considérons toujours comme
très précaires les données d'un tel projet parmi lesquel-
les ne figure pas la composition exacte des terrains.
C'est le coefficient le plus important à établir, mais que
de nombreuses tranchées et des sondages profonds, des-
cendus en dessous du plafond du futur canal, déter-
mineront sûrement. Cette question, il faut bien le recon-
naître, jouera le rôle principal dans le devis de la dépense, car la rencontre de terrains excessivement durs
dans le centre du point culminant décidera le changement de la direction du profil. Rien ne peut donc
être affirmé sans cette constatation indispensable.

Il est encore une autre considération qui doit être
envisagée : c'est que le relief superficiel des terrains ne
correspond pas toujours à celui des couches sous-
jacentes quand ces dernières sont recouvertes de for-
mations plus récentes, de sédiments tertiaires ou quaternaires. Ainsi, dans l'étude de seuil de Gabès en
Tunisie (1), les travaux de sondages ont accusé, en dessous des dépôts quaternaires, un pendage très accentué
des couches crétacées, dans une direction qui s'écartait
sensiblement du profil adopté *à priori* sur le terrain, et
cette déclivité souterraine ne correspondait nullement
à la forme extérieure de la surface du sol.

De ces faits, on doit donc tirer cette conclusion : que
le sommet du point de partage ne sera déterminé qu'a-
près un examen de sa structure intérieure, et qu'on
devra, dans le projet du canal maritime, adopter au

(1) *Projet de mer intérieure dans les chotts tunisiens et algériens*, par le
commandant Roudaire. Paris, 1881.

besoin un seuil plus élevé, de 50 mètres peut-être, s'il était démontré qu'en profondeur on recouperait des couches plus faciles à entamer.

Nous n'avons pas développé toutes les combinaisons des variantes afin de donner un résumé plus rapide de la question. cependant il y en aurait encore une qui s'imposerait et qui consisterait dans l'abandon complet des rivières du versant Est, en prolongeant la tranchée parallèle au Tayoung, de Phai à la mer, entre les deux fleuves. Dans ces conditions, il n'y aurait plus de crues à redouter; mais nous avons appréhendé un cube plus fort et la rencontre de roches dans l'intervalle des deux cours d'eau qui a l'origine du dépôt des alluvions, ont dû occuper les dépressions naturelles formées dans le massif souterrain.

Néanmoins, tout en exposant les difficultés probables de cette entreprise, nous sommes convaincu qu'elle est praticable et que les personnes qui en feront l'examen avec soin y reconnaîtront des chances de succès.

Nous croyons aussi que la variante de Talung ne doit pas être écartée du programme général des études à cause de sa position géographique remarquable et de l'intérêt exceptionnel qu'offrira son exploration dans les régions les moins connues de la péninsule.

Les résultats que nous avions entrevus en publiant nos recherches ont été en partie obtenus, et nous désirons que de nouveaux efforts soient tentés pour conduire cette œuvre à son achèvement. La traversée de la péninsule Malaise terminera le *siècle des percements d'isthme* (1) dont l'ère a été inaugurée avec éclat par M. de Lesseps dans l'exécution du canal de Suez.

(1) M. Virlet d'Aoust. *Le Percement de l'Isthme de Corinthe*, 1881.

Distances kilométriques des différents tracés (1)

kilom.

De l'île Dalisle au golfe de Siam par le Pakcham, la rivière de Krau, le Tayong et le Tseompeon inférieur, environ. 160

De la pointe Victoria au confluent de la Krau. 70

De la pointe Victoria au confluent de la Sa-oua. 59

Canal amorce du Pakcham à Tasan. 11

Section de Tasan à Phai. 22

Canal de jonction de l'entre-deux des rives du Tseompeon supérieur et inférieur. 4

Variante du tracé de Krau à Tasan. 13

Variante du tracé par le Tseompeon inférieur. 15

Variante du tracé par le Tseompeon supérieur (2). 10

Passes Sud et Nord des Tseompeon supérieur et inférieur, environ. 2

De la pointe Victoria au Golfe de Siam, par le Pakcham, le canal jusqu'à Tasan, le Tayoung, le canal de jonction et le Tseompeon inférieur. 109

Même tracé par le Canal de jonction et le Tseompeon supérieur. . 108

Tableau comparatif des Canaux maritimes exécutés, en cours d'exécution et projetés.

	LONGUEUR du tracé.	HAUTEUR du point culmi- nant.	CUBE du déblai.	DÉPENSE	DÉPENSE totale intérêts compris pendant l'exé- cution.	PROFON- DEUR d'eau.	LARGEUR du plafond.	LARGEUR au plan d'eau en terrains tendres.
	kilomètres.	mètres.	millions.	millions.	millions.	mètres.	mètres.	mètres.
Suez	165 »	20	74	225	300	8,00	22	58 (1)
Panama. . . .	73 »	87	73	430	600	8,50	22	56 (2)
Krau (3). . . .	109 »	30	30 ou 38	80 à 100	»	8,50	22	55 à 60
Corinthe. . . .	6.400	87	27	53	63	8,50	22	30 (4)

(1) Seuil d'El-Guisr.

(2) Rapport de la deuxième sous-commission, p. 271 et suivantes. Congrès international des études, du canal interocéanique de Panama. — *Bulletin du canal interocéanique*, 3 mars 1881.

(3) Données approximatives du projet.

(4) En terrains fermes. (Projet de M. le général Turr.)

(1) Les distances indiquées sont susceptibles de changements: elles ont été relevées sur les cartes et les différents itinéraires qui ont été publiés.

(2) Les capitaines Fraser et Forlong évaluent la distance de Tseompeon au golfe de Siam à 21 milles (33k.8), chiffre qui est en désaccord avec le plan annexé à leur mémoire. Nous avons adopté celle qui résulte de l'échelle des cartes et des renseignements contenus dans le rapport de M. Tremenheere.

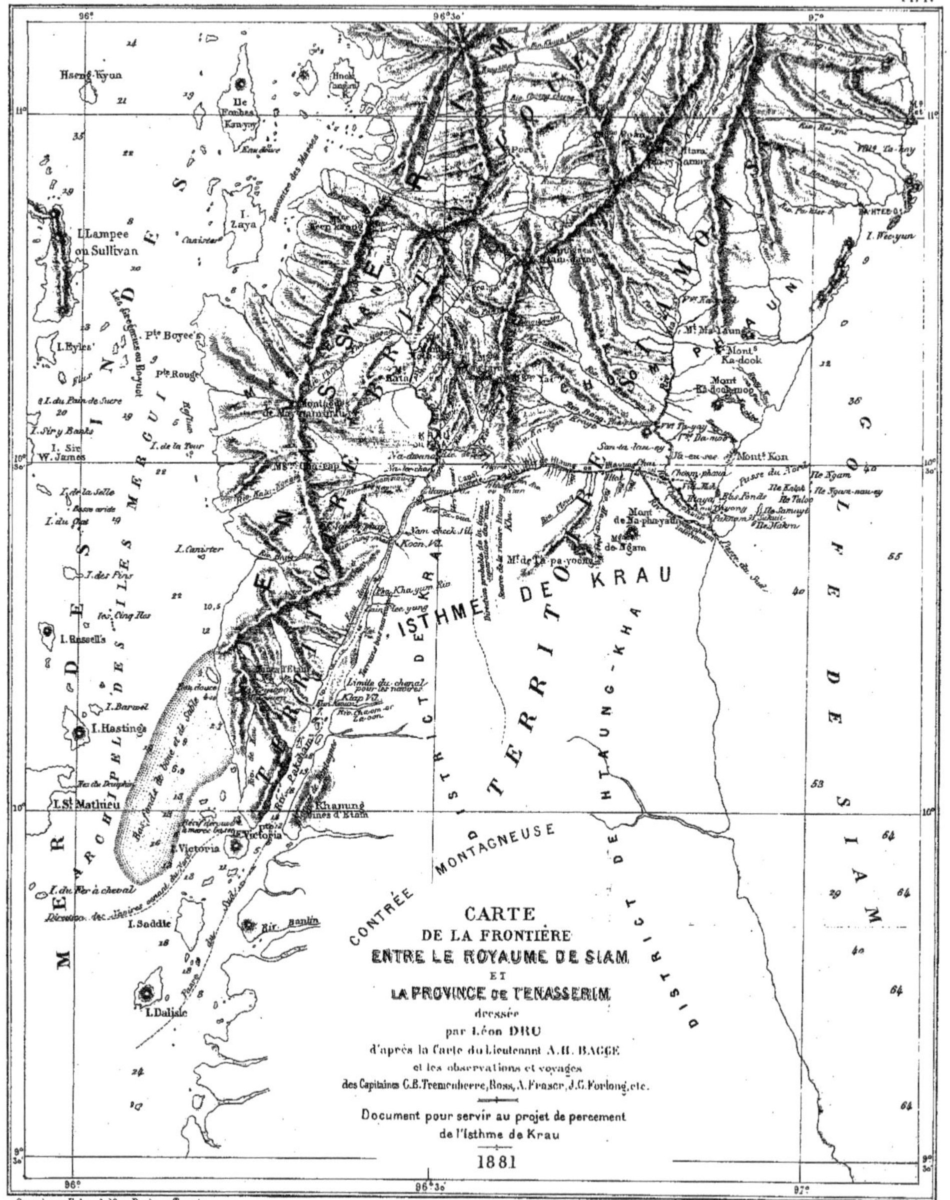
CARTE
DE LA FRONTIÈRE
ENTRE LE ROYAUME DE SIAM
ET
LA PROVINCE DE TENASSERIM
dressée
par Léon DRU
d'après la Carte du Lieutenant A.H. BAGGE
et les observations et voyages
des Capitaines C.B. Tremenheere, Ross, A. Fraser, J.G. Forlong, etc.
Document pour servir au projet de percement
de l'Isthme de Krau
1881
ISTHME DE KRAU
TERRITOIRE DE KRAU
CONTRÉE MONTAGNEUSE
MER DES ARCHIPELS DES ILES MERGUI
GOLFE DE SIAM
DISTRICT DE HTAUNG-KHA

Gravé par Erhard, 12, r. Duguay-Trouin.
Imp. Erhard. Paris

www.ingramcontent.com/pod-product-compliance
Ingram Content Group UK Ltd.
Pitfield, Milton Keynes, MK11 3LW, UK
UKHW021206140726
13695UKWH00005B/2366